丘陵与平原

撰文/何立德　王子扬　　审订/王鑫

中国盲文出版社

怎样使用《新视野学习百科》？

请带着好奇、快乐的心情，
展开一趟丰富、有趣的学习旅程！

1 开始正式进入本书之前，请先戴上神奇的思考帽，从书名想一想，这本书可能会说些什么呢？

2 神奇的思考帽一共有6顶，每次戴上一顶，并根据帽子下的指示来动动脑。

3 接下来，进入目录，浏览一下，看看这本书的结构是什么，可以帮助你建立整体的概念。

4 现在，开始正式进行这本书的探索啰！本书共14个单元，循序渐进，系统地说明本书主要知识。

5 英语关键词：选取在日常生活中实用的相关英语单词，让你随时可以秀一下，也可以帮助上网找资料。

6 新视野学习单：各式各样的题目设计，帮助加深学习效果。

7 我想知道……：这本书也可以倒过来读呢！你可以从最后这个单元的各种问题，来学习本书的各种知识，让阅读和学习更有变化！

神奇的思考帽

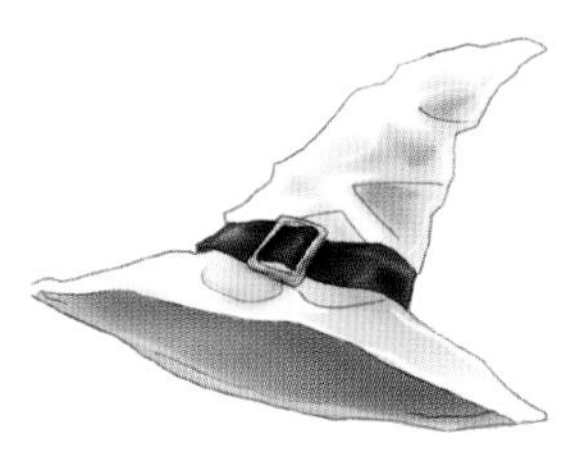
客观地想一想

用直觉想一想

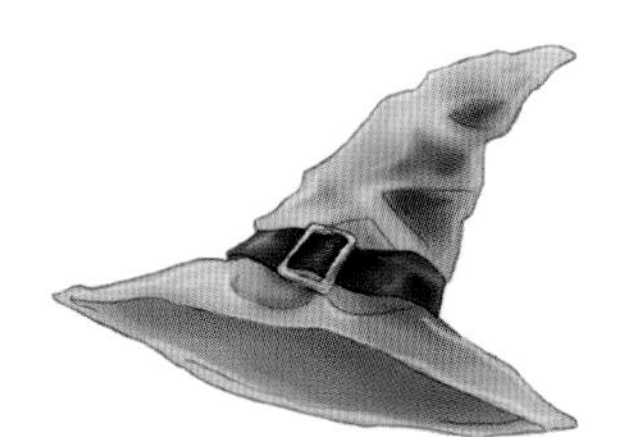
想一想优点

想一想缺点

想得越有创意越好

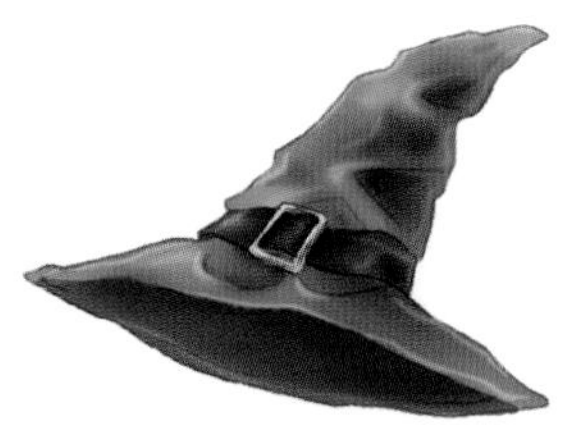
综合起来想一想

你居住的地方是平原吗？

对于平原，你印象最深刻的是什么？

丘陵对人类有什么重要性？

丘陵常发生哪些灾害？

若有一处未开发的平原，你会怎么利用呢？

我们应该如何保护丘陵与平原的环境？

目录

CONTENTS

丘陵和平原

（美国平原的玉米田，图片提供/USDA，摄影/Gene Alexander）

陆地约占地球表面的3/10，其中平原面积最大，约占1/3；高原第二；山地第三。至于丘陵，分布零散，面积也小，大多分布在山地、高原和平原之间的过渡地带，有时也出现在平原上和盆地中。

哈萨克斯坦的西边低地和东边山地间，有广大的丘陵。图为哈萨克斯坦中部的平原和山丘。（图片提供/GFDL，摄影/Wassily）

什么是丘陵

世界面积最广的丘陵位于哈萨克斯坦，哈萨克斯坦是连接欧洲和亚洲大陆的桥梁，西半边是平原和低地，东半边是山地，而丘陵就分布在中部。地形学上对于丘陵并没有很明确的定义，通常将最高点低于海拔500米、峰谷间相对高度差小、起伏不断的低缓山丘，称为丘陵；独立的山丘则称为丘。采用英制的国家则将丘陵的海拔高度上界定为2,000英尺（约610米），美国俄克拉荷马州海拔1,999英尺的Cavanal Hill，被认为是世界海拔高度最高的丘陵。

在概念上，丘陵和山地是不同的。早期的地形学家认为丘陵是山地与平原间的过渡地形，如果山地没有地质构造运动来持续抬升隆起，在地表侵蚀与堆积作用的影响下，海拔高度与相对高度都逐渐降低而成为丘陵，最后成为准平原。但在近期的地形演变概念中，认为丘陵的海拔高度与相对高度，会受组成物质、气候、地质构造运动与外营力作用的影响，若这些因素达到平衡，丘陵地形将稳定不变。

平原是指海拔高度与相对高度差均低的平缓地形，因气候区、土质和人为开垦等差异，有农地、森林、都市、草原、沙漠等不同景观。（绘图/余首慧）

美国阿拉斯加的迪那利国家公园。图中可看到山地外围的地势起伏较低缓。（图片提供/维基百科，摄影/Nic McPhee）

什么是平原

我们打开彩色的世界地形图，绿色的部分通常就是平原，指海拔高度200米以下，相对高度差少于50米的地形，特点是地势平缓而少起伏。平原通常位于地质构造运动缓慢或静止的地区，经过长久的侵蚀，或是旺盛的堆积，而形成宽广平坦、地势起伏小的区域。平原的形成与河流的堆积作用关系十分密切，像世界最大的平原——南美洲的亚马孙平原，就是由亚马孙河与支流冲积而成，面积约560万平方千米。平原由于地势低平，容易发展聚落、交通与农耕，因此在世界各地几乎都是较早被人类开发、利用的区域。

盆地

中国石油天然气集团公司的员工正在塔里木盆地的油田工作。（图片提供/达志影像）

地表的高低起伏形态称为地形或地貌，根据地形的海拔高度与相对高度落差，全世界的地形大致可分成山地、高原、丘陵、平原和盆地5大类。盆地常出现在山脉与丘陵之间，四周高而中间较低缓。盆地可依成因分为构造盆地与侵蚀盆地。前者是地质构造作用造成，可能是一地中央陷落而四周相对隆起，或是盆底地质相对稳定而四周有剧烈的隆起抬升作用，构造盆地底部若堆积大量有机物质，经沉陷深埋后可能成为石化燃料，再受岩层挤压变动的影响，地底的油气被地质构造限制而不易逸失，因而蕴含丰富的能源，例如中国的塔里木盆地，就以丰富的天然气与原油矿藏闻名。侵蚀盆地则是由风、冰川、河川等外营力侵蚀或溶蚀地表而成，例如世界最大的盆地——非洲的刚果盆地，便属于侵蚀盆地，面积约为337万平方千米，是非洲的重要农产区，盆地边缘则分布着丰富的矿产资源。

丘陵的种类

（英国的西尔布利丘高40米，是欧洲最大的史前人造土丘，约4,600年前建造，目的不明。图片提供/GFDL，摄影/Greg O'Beirne）

丘陵的分布很广，在欧、亚、美洲都有，虽然它们的外形大多看起来相似，但是形成原因却不尽相同。除此之外，再仔细观察各丘陵的组成物质、色泽、坡度等，也都各有特色。

依形成原因分类

丘陵的分类方法，最常采用丘陵的形成原因，包括侵蚀作用、堆积作用、地质构造运动和人为作用。山地受风化和侵蚀作用而逐渐降低高度、坡度变缓，成为丘陵，是最常见的原因。冰川、风力、河川、块体运动（如边坡运动）等外营力造成或搬运的碎屑，也会堆积成丘陵。除了外营力，地球内部的地质构造运动，如断层、褶皱、岩浆喷发等内营力，也会使地表隆起成丘。另外，人为活动也会产生山丘，例如人类采矿所堆积成的矿渣丘、舍石堆，以及为高尔夫球场和园艺造景特意建造的山丘。

英国最大的要塞山丘美登堡，青铜时期就有人在此设立据点，经2,000年的风化作用，有的城墙仍高达6米。（图片提供/达志影像）

其他分类方法

除了成因，丘陵还可根据组成物质来分类。若依组成的岩性，有花岗岩

中国东南方地形以丘陵为主，香港的地形与华南地区一致，山丘多，平地少。图为九龙半岛西部。（图片提供/GFDL，摄影/Minghong）

阿根廷安第斯山区的冲积扇群，彼此相连重叠，是降水汇集成河后，进入平缓地形时留下沉积物形成，扇顶有峡谷状的沟谷。（图片提供/维基百科，摄影/Eurico Zimbres）

丘陵、火山岩丘陵、石灰岩丘陵、砂岩丘陵等；若依土质色泽，有红土丘陵、褐土丘陵、白垩土丘陵、黄土丘陵、紫土丘陵等。例如位于中国华南地区的两广丘陵，是广东、广西两省丘陵区的总称，广东境内多属花岗岩与红砂岩丘陵，而广西境内多是石灰岩丘陵；四川丘陵分布于四川盆地周围，土壤和岩石呈紫棕色，属于紫棕土丘陵，因此四川盆地也称为紫盆地或红盆地。

若以丘陵的外观区分：海拔高度200米以上的称高丘陵，以下则归类为低丘陵。平均坡度大于25度的为陡丘陵，小于25度则称为缓丘陵。此外，丘陵也依所在位置分类，例如山地和平原之间的山前丘陵、山地间的山间丘陵、平原上的平原丘陵等。

重庆是中国西南部的最大都市，依金碧山而建，位处四川丘陵间，呈现山城景观。（图片提供/达志影像）

相对高度与海拔高度

相对高度这个词是对应海拔高度产生的。海拔高度又称为绝对高度，是指某地与该地海平面之间的垂直高度差。海平面高度在各海域有所差异，因此计算上通常以平均海平面作为基准。相对高度则是两地的海拔高度差，因此相对高度差的起点不像绝对高度是从海平面算起，而是以比较的两地而定。相对高度通常是地势起伏指标，以台湾最高峰玉山为例，它的海拔高度为3,952米，是海平面到玉山主峰最高点的高度差，而合欢山主峰海拔高度为3,417米，因此玉山与合欢山的相对高度差为535米。

右边的大霸尖山海拔高度为3,492米，左边的小霸尖山海拔高度是3,418米，这两座山峰的相对高度差为74米。（图片提供/达志影像）

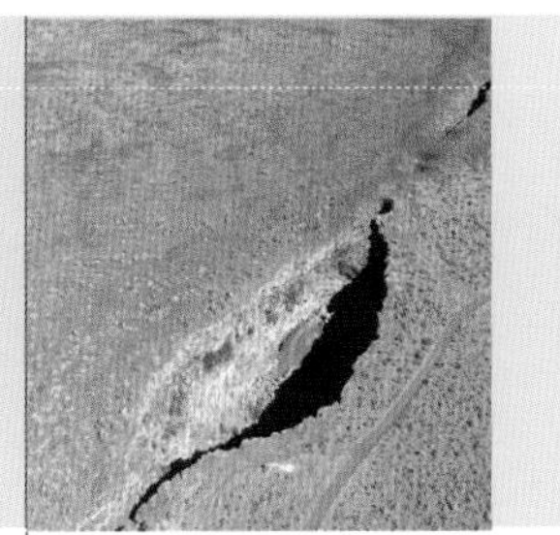

单元3

地壳变动和丘陵

（美国爱达荷州的大断层，全长约80千米。图片提供/USDA，摄影/Urban）

地壳是地球最外面的一层构造，开始形成于至少30亿年前，不论是大陆地壳或海洋地壳，地壳的变动不曾停止。这样的地质构造运动，造成地球表面高低起伏的基本面貌，其中包括了丘陵。

美国亚利桑那州圣弗朗西斯科三峰的火山渣锥，高约200米，在7万多年前形成。（图片提供/达志影像）

地壳的抬升

地壳的抬升分为大规模和小规模。前者有区域性的造山、造陆运动抬升；后者则是断层或褶皱造成部分岩层隆起。

当区域性大范围的抬升作用发生后，形成隆起的高地，各种外营力开始产生侵蚀的作用，例如从高地顶部流下的水，逐渐发展出溪沟与河谷，切割高地；同时高地顶端逐渐风化、崩落，使高度慢慢变矮，最后整个高地被侵蚀、切割为丘陵，例如华北的黄土丘陵。相反的，当一地的四周隆起，中央相对成为洼盆，四周高地的流水便汇集到盆中，除了带来沉积物的堆积，同时也进行侵蚀、切割，形成盆地中的丘陵，例如四川丘陵。

断层与褶皱造成的丘陵，主要出现在板块活动边界上，例如美国的圣安地列斯断层是穿越加州的大断层，由太平洋板块碰撞北美大陆板块形成，造成一连串南北走向的谷地与丘陵。断层会造成部分岩层抬升，抬升处便形成丘陵，台湾西部的山地、平原过渡带，就是因为多

平移断层：两侧的地壳沿着断层面相对移动，引起地震。另外还有正断层、逆断层等。

海洋板块沉到陆地板块之下，挤压的力量使板块产生褶皱。

中洋脊：新生的海洋板块由此往两侧移动。

板块运动造成板块变形的褶皱，形成山地。

无论是大陆地壳或海洋地壳，都会出现变动。（图片提供/达志影像）

条断层通过，在断层释放能量时，两侧岩层产生了相对位移，造成地表形貌的改变，使得地表隆起形成丘陵。如果岩层发生褶皱，也会使地表隆起，但通常可见的是单面或双面的倾斜坡，例如华南地区的丘陵地形，深受褶皱作用的影响。

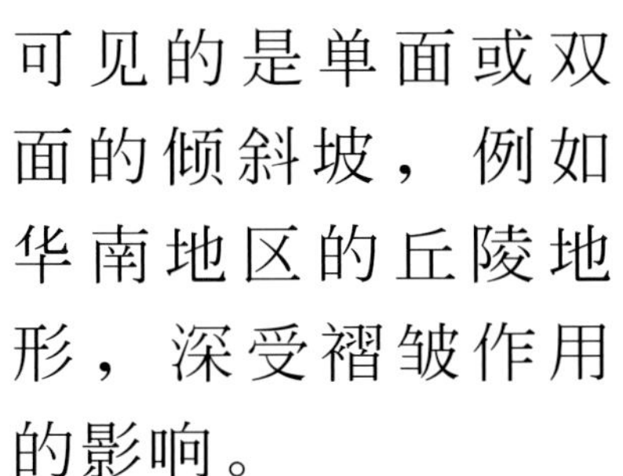

上：智利的柴滕火山于2008年爆发，喷发的火山灰覆盖了附近的柴滕镇。（图片提供/维基百科，摄影/Javier Rubilar）

右：美国怀俄明州的恶魔塔，高约263米。（图片提供/维基百科，摄影/B D）

火山作用

火山作用是地球内部的高温岩浆，沿地壳裂隙入侵至地下岩层，或喷发出地表成为熔岩的现象。有些丘陵是火山作用造成的，例如火山穹丘与火山锥。

火山穹丘是黏度高的熔岩从火山口缓慢涌出，因流动慢，在火山口附近凝固成的丘陵；另外地底的岩浆库膨胀，或岩浆入侵到岩层之间使地表隆起，也会形成穹丘。目前在美国圣海伦火山和印度尼西亚爪哇岛默拉皮火山，都有仍在活动的穹丘。火山锥是由火山喷发的物质堆积而成，中间是火山口。因火山活动产生的丘陵，其组成岩石的抗蚀力较强，较容易保存下来，例如美国的恶魔塔就是侵蚀作用后残留的火成岩体。

澳大利亚地标——艾尔斯岩

与袋鼠同是澳大利亚代表图腾的艾尔斯岩，是巨大的单一岩石，矗立在澳大利亚内陆沙漠中，与地面的相对高度差达348米，周长约9千米，地底下仍有巨大体积。地质学家认为，艾尔斯岩是在5亿多年前河流冲积形成的沉积岩，三四亿年前造陆运动将水平的岩层推挤成近乎垂直，最后岩体被侵蚀成今日的艾尔斯岩。它会随着光线不同而转换颜色，日落时呈现显眼的橙红色。艾尔斯岩被澳大利亚原住民称为乌鲁鲁，是祖先圣灵的象征，底部的洞穴曾是原住民的神圣集会场所，至今仍留下各式各样的壁画，记载当时的事物与神话。艾尔斯岩因为珍贵的自然奇景与史前文化，在1987年被列入世界遗产名录。

澳大利亚的艾尔斯岩海拔高度867米，25千米外还有成因类似的奥加山。（图片提供/维基百科，摄影/Corey Leopold）

单元4

侵蚀作用和丘陵

（澳大利亚的魔鬼巨石经长期风化多呈圆形，图中的岩石因风化而裂开。图片提供/维基百科，摄影/Prince Roy）

流水一向是地表主要的侵蚀力量，它将受地质作用影响的地形，刻画出更复杂的面貌。丘陵常见的水流形态有河流、漫地流与径流。丘陵地势低，不像高山能拦截空气中的水汽而形成地形雨，因此流水的来源集中在雨季。每逢雨季，降水增加，丘顶的土壤层与岩层若一时无法完全吸收，便会形成漫地流；若水量更大，则容易在坡面上出现径流。

在气候较干旱、基岩胶结差的地区，暴雨会冲刷侵蚀地表，长期下来形成深冲沟与锯齿状分水岭的恶地。图为美国恶地国家公园。（图片提供/维基百科，摄影/J. Crocker）

流水切割

地壳隆起时，原本完整的岩体会因为挤压拉扯的力量，产生断裂或破裂，流水产生的作用容易在这些地方进行，逐渐发展出河谷。初期，流水沿着岩层破裂面渗入，风化作用开始在这里进行，使岩石变软破碎；接下来，侵蚀作用与搬运作用使破裂面的间隙加深、加宽，形成小溪沟与大河谷。不论是小溪沟或大河谷，向下、侧向与向源侵蚀作用都持续不断地进行，使原来的谷地渐渐扩大，高耸的山地逐渐成为低矮的丘陵。侵蚀时间愈长，山丘的高度愈低，例如中国四川盆地由于四周山地河流的侵蚀，盆地边缘为高丘陵，坡度大；相对的，盆地内部则为低丘陵，坡度和缓。

美国亚利桑那州的马蹄湾，可以看到科罗拉多河切割侵蚀地表形成的马蹄状河道。（图片提供/维基百科，摄影/Luca Galuzzi）

流水进行切割时，有些岩石的顶端及边缘较脆弱，容易受到风化而剥落，使整个岩石的外形成了圆滚滚的馒头状。有些岩层如泥岩层较松软，坡面受到流水严重的冲刷后，出现明显的侵蚀痕迹，且草木不生，称为恶地，例如美国南达科他州的恶地国家公园。

岩层的软硬

地表的组成物质软硬不一，抵抗风化和侵蚀的能力也不同。有些地区的岩层因此形成差异侵蚀，抗侵蚀力较强的岩石会突出地表，成为孤立的山丘。例如美国新墨西哥州的独立山丘船石，矗立在沙漠平原上，高约500多米，原是2,700万年前的火山颈残留，因为由云煌岩组成的火山颈较坚硬，比火山碎屑岩更能抵抗风化侵蚀，当火山颈外围的火山碎屑被侵蚀殆尽，留下坚硬的云煌岩，成为状似航行在平原上的孤立船帆。

船石是美国原住民纳瓦荷族的圣地，许多纳瓦荷族神话和传奇都与它有关。（图片提供/达志影像）

岩层软硬不同，被侵蚀的速度也有差异，称为差异侵蚀。图为格陵兰的砂岩。（图片提供/GFDL，摄影/Havard Berland）

石灰岩

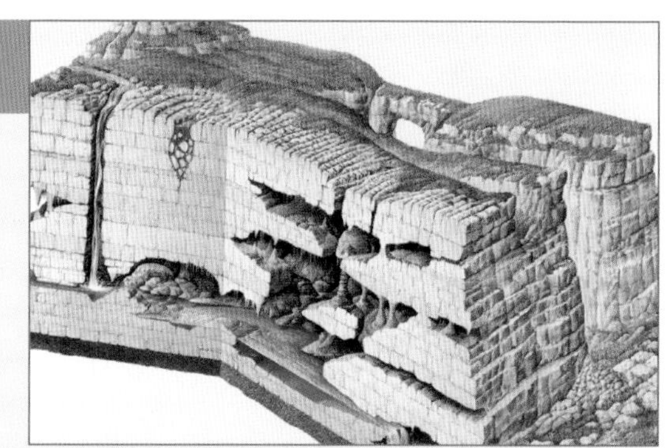

几种喀斯特地形。左侧有渗穴和洼盆，右侧有地下洞穴，下方有伏流。后方地面还有石桥。（图片提供/达志影像）

石灰岩是一种由碳酸钙所构成的岩石，容易与酸性液体发生反应。一般来说，雨水从天空降下，渗入到地下的过程里，空气中与土壤中的二氧化碳会溶解于水中，形成弱酸的水。因此，在降水丰富的石灰岩地区，石灰岩长年接触弱酸性的水，便会逐渐溶解，形成由地表往地底发育的喀斯特地形。地表一开始形成小型的渗穴，逐渐扩大成为洼盆，地表的河流也常顺着渗穴、洼盆流入地下，成为伏流。石灰岩地形发育至晚期时，在地表经常形成侵蚀残余的锥状丘陵或柱状岩体，而地底则产生钟乳石、石笋、石柱等堆积地貌。中国广西桂林举世闻名的山水，就是石灰岩溶蚀后残余的丘陵与塔状丘。

单元5

块体运动和丘陵

（20世纪60年代末冬季，美国大洛杉矶地区的山区发生数千次泥石流，1年后依然光秃。图片提供/USGS）

块体运动是改变丘陵形貌的重要作用力，可分为崩落、滑动、流动与潜移等，其发生是地表物质受到重力影响而往下移动，而水分是诱发的因素之一，水会增加地表物质的重量，并减少地面的摩擦阻力。因此边坡的坡度和水分的多寡等，都会影响块体运动的速度快慢及规模大小。此外，人为因素如开挖坡脚等，也容易引起块体运动。

崩落的岩石，摄于太平洋马努阿群岛的塔乌岛。（图片提供/FEMA，摄影/Barry Markowitz）

崩落和潜移

在近乎垂直的陡坡边缘，岩石以自由落体的方式坠落，称为崩落，是速度最快的块体运动，规模大小皆有。常见的崩落有岩石崩落与岩石倾覆，易发生在风化作用强烈或岩石裂隙发达的陡坡，因此平

意大利Vajont的悲剧

1961年在北意大利Monte Toc山完工的Vajont拱坝，坝高261.6米，坝底厚22.11米，坝顶厚3.4米，是当时全球最高的双拱坝。1963年因豪雨使得水库水位上升，并在边坡引发大规模滑动，2.7亿立方米的土石在1分钟内滑入水库引起高浪，蓄水大量溢出拱坝，摧毁水库下游7个村庄，近2,000人罹难。目前拱坝仍在，但水坝后的蓄水空间已被土石填满，无法存水。

1963年发生滑动后的Vajont拱坝，坝体后方填满土石。现在这些土石堆上已长出树林。（图片提供/维基百科）

发生潜移的山坡，树木基部会朝下坡弯曲。图为发生在美国华盛顿州的潜移。（图片提供/维基百科，摄影/G310stu）

时最好远离破碎的陡崖以避开崩落。

潜移是地表土壤或岩层沿坡缓慢向下移动，以每年几毫米到数厘米的速度进行，是最缓慢的块体运动，人们很难察觉。若发现树干的基部弯曲，或是电线杆往下坡倾斜，就是潜移所造成的现象。

2006年的榴莲台风在菲律宾造成严重灾害，台风大雨引发泥石流，导致图中房屋掩埋土石中。（图片提供/达志影像）

滑动和流动

滑动是岩块、碎石或土壤沿着山坡向下移动，速度有快有慢，视边坡的坡度与含水程度而定。滑动依滑动面可分成平面型与弧型地滑，前者容易发生在软硬岩交互出现的岩层分布地区；后者则是沿着弯曲的滑动面作滑动或旋转的崩移，坡面常会呈现上陡下缓的趋势。

2008年6月中旬，日本本州北部发生里氏规模7.2级地震。图为地震引发的滑动，滑落的土与树掩盖公路。（图片提供/达志影像）

饱含水分的岩屑或土壤沿坡流下称为泥石流或泥流，通常出现在暴雨之后，在岩面破碎、植被不佳的地区较容易发生，因为植物能减少地面径流和固定土石。流动是块体运动中侵蚀能力最强的，除了冲撞阻挡在前进方向的物体，携带的土石也会刮磨经过的地面，造成严重的侵蚀和破坏。

特殊的丘陵景观

（达卡尔拉力赛摩托车组的参赛者科马奔驰在撒哈拉沙漠的沙丘上，图片提供/维基百科，摄影/MAINDRU）

除了地质作用与流水侵蚀，其他因素也会造成丘陵，例如冰川和风沙的堆积作用，这两种营力发生在较寒冷或较干燥地区，形成的地景有别于一般丘陵。前者组成物质大小不一，淘选度极差，称为冰碛；后者则几乎全都是由淘选度良好的细沙所组成的，与一般由岩石构成的丘陵大不相同。

冰川作用

不论是山岳冰川还是大陆冰川，冰川在往下缓慢移动的过程中，沿途会进行侵蚀和堆积作用。鼓丘是冰川在流动的过程中遇到地表凸起岩体阻挡时，挟带的岩屑会在岩体后面沉积，形成迎冰面陡坡、背冰面缓坡的小丘。鼓丘的长轴方向和冰川移动的方向平行，大多成群分布，形成大片丘陵。此外，冰川底部也会发展出冰下河道，当冰川融化消退，冰下河道原本搬运的大量物质，便滞留在原地，形成蜿蜒数千米到数十千米，形状似蛇的堆积丘陵，因此称之为蛇丘。千湖之国芬兰有许多湖泊，湖泊之间便是由蛇丘分隔。

爱沙尼亚的漂砾。漂砾是冰川自他处搬运过来的岩石碎屑，可以看到它突兀地混杂在地表土壤中。（图片提供/维基百科，摄影/Wilson44691）

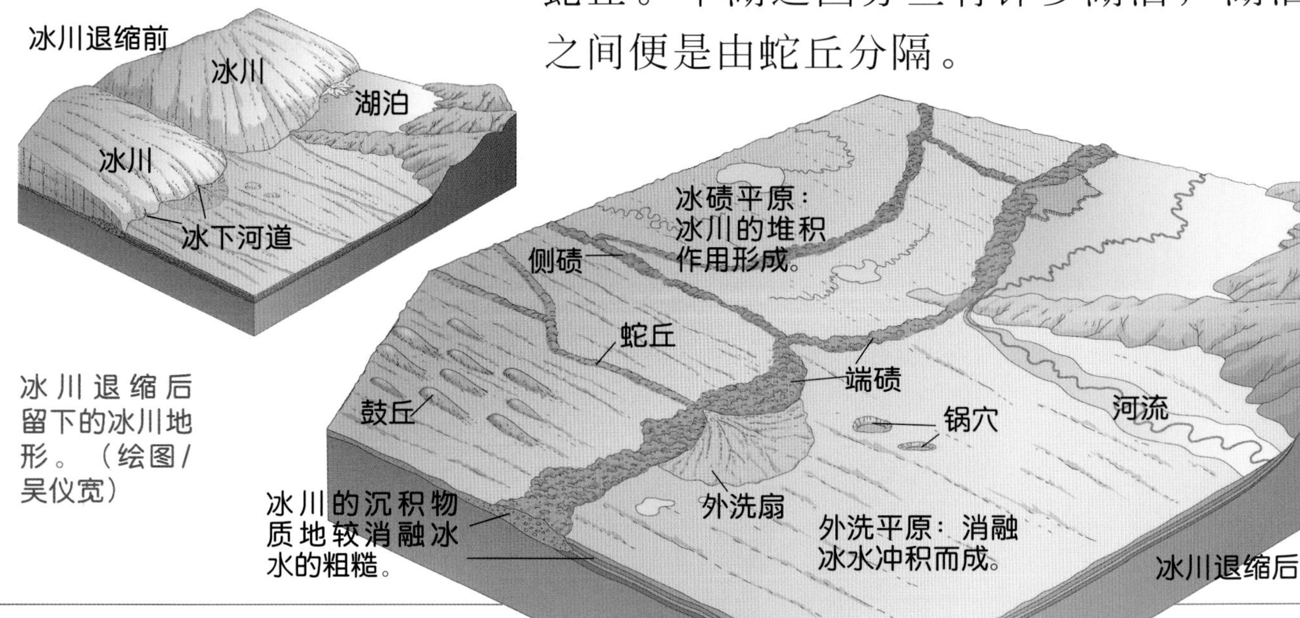

冰川退缩后留下的冰川地形。（绘图/吴仪宽）

滨海的沙丘因风力而往内陆移动，沙扩散到海岸林。（图片提供/GFDL，摄影/Larrousiney）

风成作用

沙丘是风力吹拂未固着物质堆积而成的，水和植被会帮助沙土固着，因此沙丘大多出现在干燥地带，或植物不易生长、沙源丰富的海滨。沙丘会因风力作用而改变形状，若有植被生长，则沙丘的位置和形状将被固定。沙丘的高度从数米到数百米都有，受到风的方向与强度影响，有多种不同形态，可分为新月丘、横沙丘、纵沙丘、抛物线丘和星状丘。位于南美洲塞丘拉沙漠的白丘，是海拔高度最高的沙丘，高达2,080米，而高度落差最大的沙丘是巴丹吉林沙丘，高度约500米，位于内蒙古阿拉善盟的巴丹吉林沙漠。

芬兰南境的长龙

芬兰湖泊众多，图为隔开湖泊的蛇丘。（图片提供/达志影像）

芬兰号称千湖之国，境内大小湖泊超过18万个，主要是冰河时期大陆冰川所遗留下的地形。大陆冰川也在芬兰南边留下了长达500千米的山丘萨尔珀西岗（Salpausselka）。萨尔珀西岗几乎跨越了整个芬兰的南境，平均一两百米高，最宽超过2千米，是大陆冰川作用所形成的端碛。大约1万多年前，大陆冰川的前端停留在芬兰的南侧，紧邻芬兰湾，挟带的冰碛物大量堆积在冰川前缘。等到气候转暖，冰川消退后，堆积物滞留在地面上，形成弧形低丘。萨尔珀西岗共有3列，最南的第一列最早形成，在冰川后退的过程中，陆续在稍北处形成第二、三列，整个山丘有如长长的天然堤防，芬兰南部众多的湖泊和河流都被堵住，只能从其中的间隙穿过。在萨尔珀西岗上，最适合欣赏芬兰的千湖美景。

罗马尼亚的鼓丘群，鼓丘常成群出现。（图片提供/达志影像）

单元7

丘陵的利用

（苏格兰首府爱丁堡的旧城，铁器时代凯尔特人就开始在此山头建堡垒。图片提供/维基百科，摄影/Stuart Caie）

自古以来，人们喜欢居住在靠近水源的平地，相对之下，丘陵的地势突起，反而成为军事上的优势，也成为人企求接近神的宗教活动中心。除此之外，丘陵上发展的农业也自有特色。

雅典一带有许多小山，这是从利卡维多斯山遥望皮里亚斯港、雅典市区和卫城。（图片提供/维基百科，摄影/Rob & Lisa Meehan）

军事和宗教用途

过去丘陵的利用以军事为主，在防御或侦察敌人上，丘陵都比平地占优势。利用丘陵地居高临下的特性，可以进行侦察与部署，并借丘陵起伏的地势来防卫与掩蔽。例如古希腊城邦多数位于丘陵区，城邦的中心卫城都建在最高处，卫城不但是行政中心，也是建筑神庙的宗教中心。古罗马帝国的中心——罗马，最初也是建立在台伯河下游平原的7个山丘上，以优越的地理位置发展出庞大帝国。除了军事用途，丘陵也往往成为宗教活动中心，在基督教兴起后，欧洲许多教堂也建立在山丘上。

土耳其南部马丁省的城镇Savur，沿着山坡建立聚落。（图片提供/GFDL，摄影/Nevit Dilmen）

若气候等条件允许，除了农业，丘陵区也能经营放牧业。（图片提供/维基百科，摄影/Gouwenaar）

农业用途

丘陵虽然没有平原平坦，但因为排水容易，适合种植果树、茶叶、竹林、樟树等需要水但又不宜太多水的经济作物，例如以红茶闻名全球的印度阿萨姆邦，就是将茶树种植在丘陵区域，既可以接受来自印度洋水汽的滋润，又不会积累过多水分，因此能生产品质好的茶叶。

欧洲地中海周边丘陵地的橄榄园，因为橄榄树耐旱且生命力强，在湿度低、日照强烈的地区也能生长，因此南欧夏干冬雨的地中海型气候区丘陵地，是橄榄的最大生产区之一，所榨制的橄榄油具有高经济价值。根据考古研究发现，欧亚地区的橄榄栽种，已有6,000年以上的种植历史，使橄榄成为当地文化的一部分。近来，除了农业方面的利用，丘陵区也常发展成为休闲活动的良好场所。

斯里兰卡中南部的茶园。山区氤氲的云雾有助于培养品质优良的茶叶。（图片提供/达志影像）

丘陵的趣味比赛

许多人喜欢在丘陵轻松地健行，或是打高尔夫球。除此之外，有些地方还会利用山坡举办有趣的比赛。在英国西部的格洛斯特，数十年来每年为了庆祝春天的来临，举办“滚奶酪大赛”，参赛者奔下近200米长的山丘，追逐抢夺一块滚下山丘的5千克奶酪，第一名的奖赏就是这块奶酪。另外，不少国家举办肥皂盒车比赛，在澳大利亚丘陵地举办的特称为比利小车下坡赛，参赛者依照自己的创意设计车子的外观，然后看谁的车能最快滑下山坡冲过终点，当然，车子必须保持完整不能解体。结合地形与娱乐，丘陵为这些区域带来不少的欢笑声。

在欧、美、澳大利亚等地都有肥皂盒车比赛，将肥皂盒改装成车子的外形，顺着山坡滑下。图为在美国纽约的比赛。（图片提供/GFDL，摄影/Daniel Case）

单元8

平原的种类

（1997年美国沙加缅度三角洲的水灾，大水毁坏堤防、淹没农田。图片提供/USAC，摄影/Michael Nevins）

平原地形虽然看起来比较单调，但仍各有不同特色，如果依据成因，可以分为侵蚀平原、堆积平原和构造平原。

澳大利亚地形以平原为主，但有1/3是沙漠，1/3是草原，只有少数地区有充沛的降雨。图为纵贯澳大利亚中部的铁路。（图片提供/达志影像）

侵蚀平原

侵蚀平原是地表受外营力侵蚀而形成的平原，包括风蚀平原、海蚀平原、河蚀平原、溶蚀平原及冰蚀平原等。在地质比较稳定、没有大幅变动的地区，丘陵或是山地的地形会受到外营力侵蚀而逐步降低，最后形成低矮平缓的平原地形。因为是经历侵蚀作用的残余物，地形仍会有些微的起伏，也有残存的小丘，并出现一些露出地表的岩石。东欧平原即属于侵蚀平原中的冰蚀平原。

希腊北部的菲力匹平原为群山环绕，是过去马其顿王国崛起前的基地。（图片提供/GFDL，摄影/Marsyas）

美国加州中部的谷地平原，位于海岸山脉和内华达山脉间，是加州的农业中心区。（图片提供/维基百科，摄影/Archer5054）

堆积平原

堆积平原是沉积物在地表低缓处堆积而成，有海积平原、河积平原、湖积平原、三角洲平原、冰碛平原及冰川外洗平原等。因为是堆积作用所造成的，地势通常较低平缓和，大多形成于侵蚀基准面的附近，例如海面、河面、湖面及冰川前缘，因此堆积平原的位置可作为地理环境的指标之一。非洲的尼罗河三角洲平原、北美大平原、南亚的印度河—恒河平原都属河流堆积平原。

构造平原

构造平原不是地表侵蚀作用或堆积作用形成的平原，而是地质构造作用所形成的。最常见的是岩层陷落后形成的平坦低地，也有一些构造平原原本是海底的平缓地形，因为陆地的构造抬升作用，或海平面下降而露出。例如中国的松嫩平原，位于松辽断陷带上，是松花江与嫩江共同在陷落的地块中堆积而成的；美国东部的大西洋海岸平原，陆上的平原和延伸入海的大陆架，地质条件一致，因此是海平面下降或是地壳抬升作用所形成的构造平原。

穆斯林到麦加朝圣，第9天在邻近的阿拉法特山冥想至日落。麦加位于濒临红海的狭窄平原“提哈麦”。（图片提供/达志影像）

河流中上游切割地表并携带侵蚀下来的物质，在下游沉积，成为堆积平原。（图片提供/达志影像）

台地

澳大利亚蓝山国家公园的著名景点——三姊妹岩。（图片提供/达志影像）

台地是一种高度介于高原和平原之间的地形，顶部平坦，而四周较为陡峭，和高原类似，但海拔高度较低，大多在1,000米以下。台地常分布于丘陵或山地边缘，常见的有基岩台地、黄土台地及红土台地。著名的台地有美国科罗拉多的梅萨维德国家公园，因为区内印地安人的文化遗产，而于1978年被列为世界文化遗产。另外，澳大利亚著名的蓝山国家公园，在地形特征上也可以归类为台地地形，拥有丰富的森林生态，其中以尤加利树最为著名，全澳的500多种中，这里就有90种，以及超过400种动物，此外还有溶洞等特殊的地形景观，因此在2000年被列为世界自然遗产。

河水作用和平原

（法国山区的冲积扇，图片提供/GFDL，摄影/Mikenorton）

无论是河流还是湖泊，若是遇到暴雨来临时，河水、湖水都可能暴涨，而溢出河道或湖泊外围。洪水消退后，留下的大量沉积物，经年累月后将渐渐堆积成泛滥平原或是冲积平原。

爱尔兰蒙斯特省的湖积平原。（图片提供/达志影像）

河积平原

河积平原位于河流下游，是洪水从上、中游带来的细粒物质堆积而成。与河流上游相比，下游河床的坡度较缓，河谷也较为宽广，河水容易溢出河道，往两岸的低洼地区流动。这些溢流携带了大量沉积物堆积在两岸，经过长时间累积，逐渐形成宽广的河积平原，也称为泛滥平原。由于河流泛滥及河道移动，河积平原上常有自然堤、牛轭湖或沼泽分布。

因为土壤肥沃适合耕种，又邻近河流便于灌溉，河积平原常是重要的农业区，加上地势平坦利于发展聚落，往往成为人口密集的地区。长江、黄河、印度河、尼罗河和密西西比河形成的河积平原，都有大城市和广大的农耕地。

特洛伊城想象图。特洛伊位于小亚细亚西北部的特洛伊平原，为古希腊城邦之一，约1184年毁于战火。（图片提供/达志影像）

洪水与尼罗河泛滥平原

“尼罗河赋予两岸土地生命：只有尼罗河泛滥以后，才能够有粮食和生命，大家都依靠它生存。”这是雕刻在尼罗河河畔石碑上的赞语，说明尼罗河对于埃及人的重要性。希腊历史学家希罗多德也曾说“埃及是尼罗河的赠礼”，有尼罗河才有下游的泛滥平原，使人口聚集而发展出灿烂的古埃及文明。今日尼罗河下游平原依然是经济、文化和政治的中心。尼罗河在每年的6—10月泛滥，带来上游的肥沃淤泥。通过年年补充的肥沃土壤，以及对于洪水泛滥时间的计算，古埃及人获得充足的食粮，并建立精密的测量技术和历法，创造出高度文明。由于现代工程阿斯旺水坝的建立，尼罗河已不再泛滥，但埃及仍有九成以上人口住在尼罗河沿岸和三角洲，充分显示出尼罗河对埃及的重要性。

尼罗河流域今日仍是埃及的精华地带。图为位于尼罗河三角洲顶端的开罗。（图片提供/维基百科，摄影/Raduasandei）

湖岸平原

湖岸平原的成因与河积平原相似，当暴雨过后，泛滥的湖水消退，泥沙淤积在湖泊四周，形成平原。随着湖泊年龄增长，湖泊底部的沉积物愈堆愈多，湖水面积渐渐缩小，四周露出的湖底也成为湖岸平原的一部分。

瑞士马贾河进入马焦雷湖，因流速变慢形成的冲积扇，右岸为阿斯科纳，左岸为洛卡诺。（图片提供/GFDL，摄影/LittleJoe）

湖岸平原因土质湿软，加上接近水源，在加强排水与防洪设施之后，常成为当地的农业重心。例如东非的坦噶尼喀湖，是世界最长的淡水湖，它在东非大裂谷内冲积出湖岸平原，是坦噶尼喀湖滨的重要农产区；北美五大湖区密歇根湖畔的湖岸平原，是著名水果产区和人口集中区，有密尔沃基、芝加哥、密歇根等大城。然而，湖泊具有调节当地气候与滞洪的功能，过度围垦湖岸平原，将影响湖泊原有的功能，因此湖岸平原的土地必须适度利用。

密歇根湖畔的芝加哥，位于冰河时期芝加哥湖形成的平原上，是重要的工商业中心。（图片提供/达志影像）

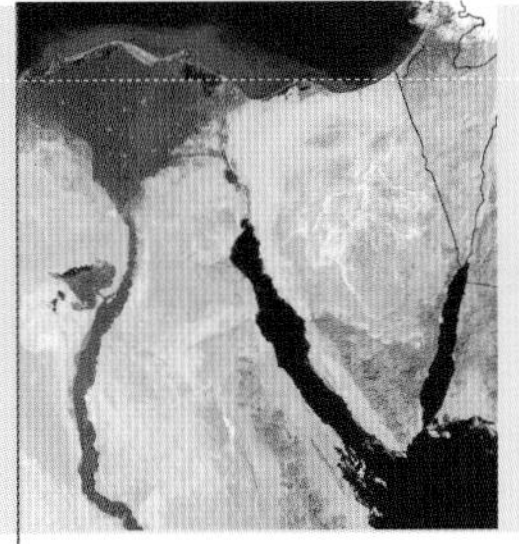

单元10

河海作用和平原

（尼罗河沿岸和三角洲平原的绿意，与沙漠成强烈对比。图片提供/NASA，GSFC）

海洋是地表侵蚀作用的最终基准面，沿着海岸，许多地区出现狭长的海岸平原、呈三角形的河口平原和冲积扇平原，这些平原既受到河水作用，也受到海水作用，是河积作用和海积作用下的共同产物。

澳大利亚的凯恩斯热带雨林观光空中缆车，可以观赏下方的热带雨林，以及瞭望附近的海岸平原。（图片提供/达志影像）

海岸平原

一般所说的海岸，是指海岸线（高潮线）和海之间的范围。但是海岸平原则是海岸线和内陆高地之间的平地。海岸平原通常呈狭长带状，例如北美洲东南岸的大西洋海岸平原，位于美国新泽西州到中美洲犹加敦半岛的沿岸，长达3,500千米，自海边延伸到距海约50—100千米处。许多海岸平原位于大陆边缘，河水带来的沉积物至此大量堆积，这些沉积物受到风力、波浪和潮汐作用影响，逐渐堆积出低缓而向海倾斜的平坦地形。海岸平原地势低平，土壤肥沃，除了可作为农业耕地，在滨海处又可发展养殖、捕捞渔业，一直是全世界人口密度最高的地区，估计全球有40亿人口居住在海岸地区，包括海岸平原与河口三角洲平原地带。台湾沿海的海岸平原，因为经济考虑及地形特色，常见的经济活动以养殖渔业为主，而美国佛罗里达州的墨西哥湾海岸平原，则是以农业发展为主。

大西洋海岸平原土地贫瘠，但也有土地肥沃的地区，例如盛产柑橘的佛罗里达州、德州。图为德州的棉花田和石油泵。（图片提供/达志影像）

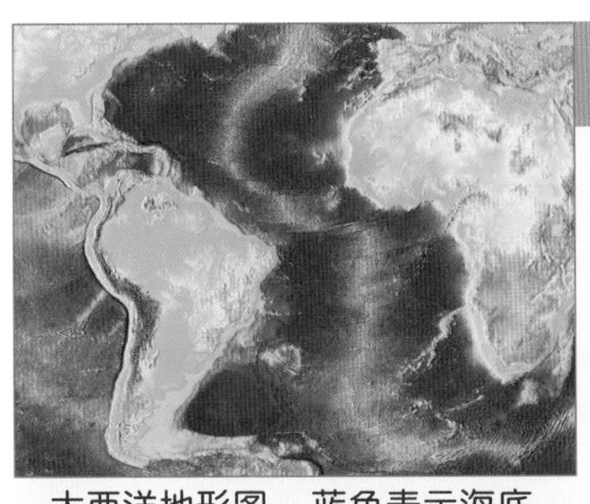

大西洋地形图。蓝色表示海底，中央浅蓝色处是中洋脊，深蓝色是更深处，大片深蓝色区域即海底平原。（图片提供/NOAA）

海底的平原

海面下的海洋地壳，和大陆地壳一样有各种起伏的地形，可分为海底盆地和盆地边缘两个区域，前者包括中洋脊、深海平原、海沟和海底火山等，后者是海洋与大陆的交界处，包括大陆架和大陆坡等。深海平原是地球上最平坦的区域，比陆地上的平原更平坦，坡度小于1/1000，深度约为海面下4,000—6,000米。当地底岩浆由中洋脊冒出后，形成海洋地壳，并往中洋脊两侧移动。移动的过程中地壳慢慢冷却，因密度增加而逐渐往下沉陷，形成海底平原。深海平原表面覆盖来自陆地和海洋的沉积物，累积上百万年，厚可达1,000米。由于沉积物来源与海沟阻绝的影响，海底平原在大西洋最常见，印度洋不常见，太平洋很少，因主要海沟几乎都分布在太平洋，而印度洋沿岸大型河流较少。

三角洲平原

三角洲平原是河流在入海处持续堆积而成的三角形地貌。当河流注入海中的时候，流速受到海洋水体的影响而变慢，河流挟带的沉积物开始堆积，而细粒的泥质沉积物会在水中浮扬、漂流，然后慢慢落入海中。这些沉积物逐渐累积，超出水面而形成河口沙洲。另外，河海作用使注入海中的河道左右摆动、改变位置，逐渐形成尖端指向上游的三角形平原，称为三角洲，因位于河川入海处，也称为河口平原。三角洲平原的表面平坦，土质细腻肥沃，若气候条件允许，适合发展农业。世界上著名的三角洲平原有尼罗河三角洲平原、密西西比河三角洲平原、湄公河三角洲平原与长江三角洲平原等。

挪威北部一处三角形沙洲，是因河流入海流速变慢，携带的沉积物沉淀、堆积而成。（图片提供/达志影像）

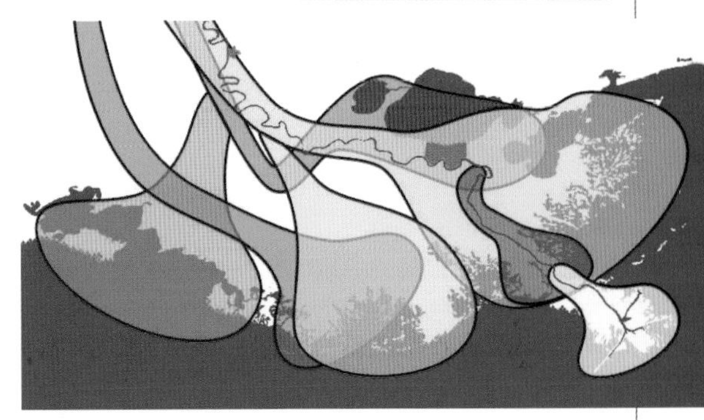

密西西比河出海口的改变。新河道堆积加上旧河道后退，形成略呈鸟趾状的三角洲。（图片提供/维基百科，制图/Urban）

单元11

特殊的平原景观

（玄武岩熔岩冷却时易形成六角柱状节理，图为北爱尔兰巨人堤道的玄武岩。图片提供/维基百科，摄影/Niek Beck）

地质构造作用、河水作用和海水作用所形成的平原，在世界各地都能见到，不过还有一些特殊的平原景观，只出现在火山和冰川地区。

熔岩平原

熔岩平原是火山作用形成的，大多由二氧化矽含量低、铁镁矿物居多的基性玄武岩质熔岩所构成。由于这类熔岩黏度小，易于流动，因此大多从岩层裂缝喷发、溢流到地表，并以水平方式覆盖大地。若喷发的区域地势较为平坦，便容易形成平原或高原，熔岩堆积厚度较薄的为熔岩平原，较厚的为熔岩高原。加拿大的中东部是有名的熔岩平原区，当地地质以加拿大古老地盾

夏威夷启劳亚火山喷发的熔岩，掩盖森林与公路。（图片提供/达志影像）

加拿大地盾是世界最大的地盾之一，地表经历火山、造山、侵蚀和冰川作用。右图中的哈得孙湾为地盾中心的盆底。（图片提供/NASA）

人造平原

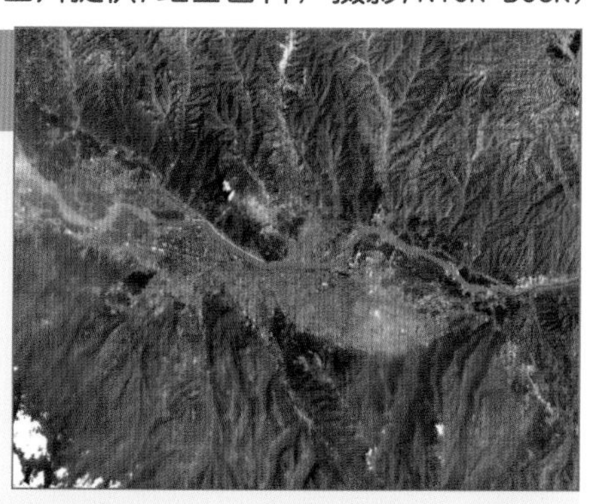

兰州市位于山间的河谷，市区范围沿着东西走向的黄河，呈东西狭长状。（图片提供/NASA）

平原的地形平坦，在农耕与建筑开发上都非常便利。世界上人口最多的国家——中国，对于人造平原抱持相当大的期待。山西省地形崎岖、耕地零碎，农业不易发展，20世纪60年代当地的小村庄便推行“搬山填沟造平原”的运动，将4,000多处小田整合为900多处，使当时农产量大增。甘肃省会兰州市位于山间河谷地，发展受到地形限制，房价高涨，21世纪初政府也着手开发附近坡地丘陵，计划造出约40平方千米的平原，目前仍在持续努力中，以增加兰州的耕地与建地。

为基础，分布着许多有6—12亿年历史的火山，由于过去频繁的火山活动，形成广阔的熔岩平原；又因为地处高纬度，冰河时期是北美大陆冰川的中心，因此目前的地貌多受过冰川作用的侵蚀，有起伏约30米的岩石丘陵，以及不少冰蚀湖泊和盆地。

波兰以平原地形为主，北部与德国北部相连的中欧平原，属于冰川外洗平原。（图片提供/达志影像）

冰岛Skaftafell国家公园内的冰川外洗平原，河道呈辫状。（图片提供/GFDL，摄影/Laurent Deschodt）

冰碛平原与冰川外洗平原

冰川作用产生的平原地形是冰碛平原与冰川外洗平原。冰碛平原大多位于冰川前缘，是冰川消融后退之后，挟带的冰碛物在低洼或平坦处堆积而成。冰碛平原上布满了冰碛物、冰碛丘、积水洼地与沼泽，冰碛物混合了不同大小的石块，缺乏土壤而不利耕作。波兰北部、北美五大湖区一带，都分布着冰碛平原。

冰川融冰后产生的冰水，会形成河流将冰碛内细小的沉积物洗出，称为冰水沉积物，堆积在冰碛平原外缘，形成冰川外洗平原。冰川外洗平原的沉积物经冰水搬运淘选，颗粒较冰碛平原的细，因此发展农业的条件比冰碛平原好。位于德国与波兰两国北部的北德平原，又称中欧平原，就是昔日冰水作用所造成的广大外洗平原，农牧业发达。

美国阿拉斯加地区有10万条以上的冰川，是南极和格陵兰以外最大的大陆冰川区。图为阿拉斯加北侧低地上的输油管。（图片提供/达志影像）

单元12

准平原

（美国加州的喀里索平原国家纪念物，图片提供/USGS）

准平原是指起伏缓和、近似平原的地形，海拔高度接近海平面，这个名词是由美国地形学家戴维斯提出的。

侵蚀循环

1899年，戴维斯提出“侵蚀循环”理论。他以生命的发展阶段为比喻，将地形演变的过程分为幼年期、壮年期和老年期。当陆块受到构造作用而抬升，会因河川强烈向下侵蚀而出现高山深谷的地形，称为“幼年期”。之后河川继续向源、侧向及向下侵蚀，使山谷加深、加宽，山坡坡度趋于平缓，称为“壮年期”。最后地势更加平坦，河道流向变得较不固定，此时地形进入接近平原的准平原样貌，即“老年期”。在老年期的准平原阶段，假如因构造作用再度抬升，准平原会因侵蚀基准面下降而“回春”，再次从幼年期往壮年期和老年期发育。

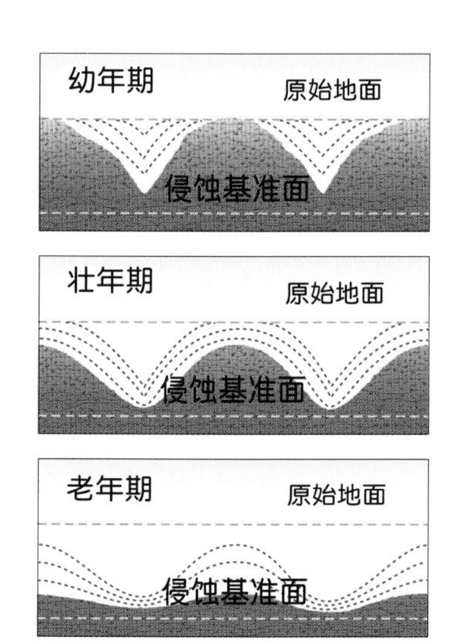

戴维斯对地形演变的理论示意图。随时间演进，原始地面渐被侵蚀降低，最后成为高度接近侵蚀基准面的准平原，坡度平缓。（绘图/施佳芬）

准平原和准平原遗迹

准平原的形成以数百万年为单位，因此我们没办法看到整个演变的完整过程，但仍可看到一些准平原或准平原

乌拉尔山区以西地质稳定坚实，地形起伏平缓，属于准平原。图为白绍拉河河谷。（图片提供/达志影像）

英国索尔斯堡平原海拔高度约100—150米，有许多著名古迹，其中的史前巨石群超过5,000年历史。（图片提供/达志影像）

的遗留。例如欧亚分界的乌拉尔山，在古生代是板块交接带的一片海洋，累积的沉积物受板块移动挤压，隆起成山脉，经数千万年的侵蚀后，如今中、南乌拉尔山以及乌拉尔山以西的东欧平原，都是准平原的地形，地势低缓。中国东北的大兴安岭，曾在3,000多万年前被夷平为准平原，后来山体又抬升，因此在北段山顶留下准平原遗迹。

今日有些学者认为戴维斯的理论过度强调侵蚀与时间的影响力，他们认为地形并不会在抬升后随即停止而只有侵蚀作用进行，这个假设不合理，而且地形也可能因作用力达到动态平衡而维持不变，不朝准平原发展。此外，准平原的形成也未必是河流侵蚀造成。虽然戴维斯的理论受到许多质疑，但他提供了一个观看地形景观的方式，让我们从宏观的角度关注地形的演变，以及平原、丘陵、高山之间的关系。

马拉松平原

马拉松平原位于雅典东北方约40千米处，是公元前490年波希战争开启的地点。当时波斯帝国的大流士平定国内后，想要扩张版图，波斯军队在马拉松湾登陆，准备攻下雅典和埃雷特里亚，进而并吞希腊城邦。埃雷特里亚被攻下后，援助的雅典军与波斯大军在马拉松平原交战，最后人数较少的雅典军队以阵形取胜。这场战役留下著名的传说，据说雅典获胜后，派使者费里皮德斯跑回雅典报告喜讯，全程约42.195千米，他抵达雅典报完喜讯后便倒地死去；另一说法是使者费里皮德斯在战争期间，从雅典往返斯巴达求援。不论何者为真，希腊人为纪念费里皮德斯而举行长跑比赛，即今日马拉松长跑的起源。马拉松平原因此在希腊历史上赫赫有名，象征希腊的胜利与希腊文化的维持。

马拉松之役的胜利，代表希腊得以维持独立自主。图为19世纪的雕像“宣告胜利的马拉松士兵”。（图片提供/维基百科，摄影/Stephane Magnenat）

美国纽约州卡内斯提奥河附近的景观，可以看到远处的圆山顶高度都差不多，是已成为亚利加尼高原的准平原遗迹。（图片提供/GFDL，摄影/Pollinator）

单元13

平原的利用

（1979年日本奈良县环濠集落航拍图，属于集村。图片提供/日本National Land Image Information (Color Aerial Photographs)）

提到平原，往往让人联想到草原，实际上平原也可能是森林或荒漠。大部分平原都已被人类开发、利用，有的用来耕种、畜牧，有的发展成聚落。

农业

法国勃艮第的葡萄园。（图片提供/GFDL，摄影/PRA）

平原的地面平坦开阔，方便人们进行耕作，尤其是农业机械化之后，平地更能使机械发挥功能。此外，平原若邻近河流，取水灌溉方便，加上有来自山地或丘陵的沉积物与有机物质累积，提供作物生长时所需的基质和养分。这些条件使得平原成为农业发展的最佳地区，因此世界各地的大平原常成为农业的精华地带，例如东欧平原、北美大平原、印度河—恒河平原、长江三角洲平原、黄淮平原和松辽平原等。有些平原除了种植农作物，也利用天然牧草来饲养牲畜，例如俄罗斯的畜牧业以牛

恒河平原是印度斯坦的文明中心，土壤肥沃，人口稠密。恒河是印度教的圣河，教徒一生至少要到恒河净身1次。图为圣浴节时的众多朝圣者。（图片提供/达志影像）

平原上的古文明

文明的发展有许多要素，例如粮食充裕、交通便利等。冲积平原地面平坦、土壤富饶，又邻近水源，利于发展农业，容易聚集人口，发展文化，因此不少古文明是从河岸的冲积平原开始发展，例如埃及文化、两河文化、印度文化和中华文化等，都发迹于大河两岸的冲积平原。埃及文化发源于尼罗河下游的三角洲平原；两河文化起源于底格里斯河和幼发拉底河冲积的美索不达米亚平原；印度文化起于恒河和印度河平原；中华文化则从长江中下游及黄河的平原发展起来。

为主，俄罗斯平原（又称东欧平原）就是重要的牧场之一。

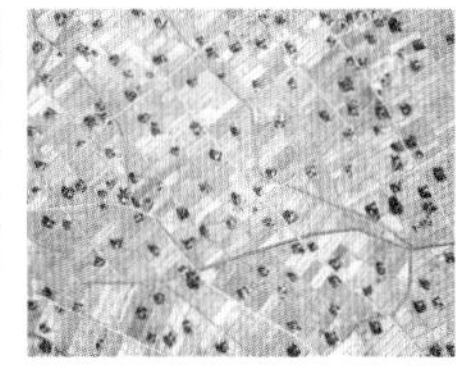
1975年日本砺波平原上的散村聚落。（图片提供/日本NLII（Color Aerial Photographs））

聚落

农业使人类从采集和游牧的生活转为定居，平原往往是最早发展出聚落的地形。影响聚落形成的要素很多，如生活机能、交通和防御等，都会影响聚落的发展与类型。平原是最具有形成聚落优势的地形：适合发展农业，取水方便，运输便利。不过，平原不利于防卫，所以人们会根据当地的治安条件而发展成集村或散村。若四周有安全性的威胁，便以集村方式来相互守望。除此之外，平

耶路撒冷位于丘陵间的平原，是犹太教、基督教、伊斯兰教的圣地。图为贝都因人在放牧羊群。（图片提供/达志影像）

动手做迷你地形模型

丘陵和平原都属起伏较平缓的地形，我们来动手做丘陵与平原的迷你地形模型。材料：珍珠板、铁丝、百洁布、香、打火机、白乳胶、水彩笔、颜料、刀片。

（制作/杨雅婷）

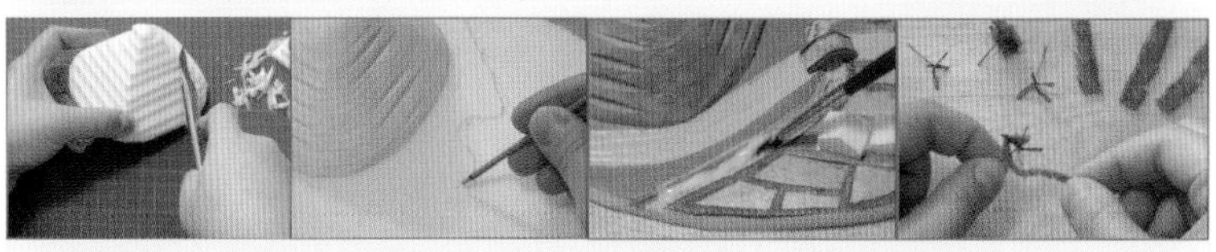

1. 切割较大的2片珍珠板当底板（例如15×20厘米），再切割数片较小片的，由大至小上胶并堆叠，胶干后用刀片将珍珠板削成圆角及斜坡状。
2. 以点着的香，轻轻在珍珠板上烧出田地、河流、道路等。
3. 用颜料上色，河流的颜色干燥后再涂一层白乳胶，干后就会有流水的视觉效果。
4. 将铁丝凹折成爪状，把撕成长条状的百洁布沾胶固定于铁丝上，以浅绿色颜料随意于百洁布表面轻沾，做好的小树插在模型上，就完成了。

※因为使用到铁丝、刀片和香，制作时务必请大人陪同，并注意安全。

原因地势低平而有排水不顺、淹水等问题，必须利用排水、防洪系统解决这些问题，才能在平原安居。由于世界人口愈来愈多，加上许多农家子弟转以工商业谋生，因此有愈来愈多的农用地逐渐改为城市发展用地，像中国的长江三角洲、珠江三角洲几乎都是高楼林立。

单元14

平原与丘陵的开发和保护

（德国北部什列斯威荷斯坦州的排水沟清理工程，图片提供/维基百科，摄影/Dirk Ingo Franke）

平原通常是人类最先选择开发的地区，而丘陵次之。现代人以先进的工程技术，不断将自然土地改变为人工用地，以方便商业、工业、交通、生活等利用，但是开发后的问题却也一一浮现。平原的人口密度最高，丘陵也是人类活动频繁的地带，若是紧邻城市，各种灾害都会对人类社会造成严重而突然的冲击。如何兼顾开发与保护，是日益被重视的课题。

2007年气候异常，降水不均。旱灾使希腊塞萨利平原土地干裂，威胁农业、影响生计。（图片提供/欧新社）

平原的开发与保护

平原地势平坦容易开发，自然环境因素的限制较少，向来是区域发展的精华地带，尤其在今日，往往成为人口聚集、高度人工化的都市化地区。若是属于河积平原，必须重视水患的威胁，因为河积平原本来就是洪水泛滥堆积而成。河流水位高涨时，容易再度泛滥造成洪患，对人口密集的城市造成严重灾情。因此开发河积平原时，要将容易泛滥的区域留作滞洪区，减少洪水冲击。超限利用土地、过度依赖堤防，会使水患更加严重。2005年8月卡特里娜飓风对美国东南部造成的灾害，就是泛滥平原过度开发、飓风带来暴雨与风暴潮，以及百年老旧河堤崩溃等因素酿成的。

平原地形低缓，有大量降水时不易排出。图为美国爱荷华州锡达拉皮兹市，左图为2006年9月，右图为2008年6月水患，堤防崩溃使灾情惨重。（图片提供/达志影像）

丘陵地区的灾害防治

丘陵地区常发生的灾害有崩塌、滑坡、泥石流等，工程师通常以种植植物、排水与工程建设这三种方法来防范。种植植物，可借其根部抓牢土壤而稳定边坡，枝叶也能阻隔雨水，减少雨水直接冲刷地表土壤，植物本身还能吸收水分，减少径流的侵蚀。排水是在边坡上设置沟渠等，以防止过多水分渗入岩石或岩屑中，否则过多的水分会降低岩层内部的摩擦力而发生下滑。工程建设则是利用人工设施固定土壤或岩体，或是在坡脚兴建挡土墙，减少坡脚受侵蚀而导致上方边坡崩塌。上述的方法以种植植物和排水为佳，而开发前彻底地调查与规划更是重要。

开发丘陵地时，必须注意水土保持，做好事先预防。图为公路旁的护坡与崩落的土石。（摄影/庄燕姿）

坡地开发为农用时，梯田有助于水土保持。图片摄于美国爱荷华州坞柏立县。（图片提供/USDA，摄影/Lynn Betts）

丘陵的开发与保护

相较于平原地区，丘陵地区的发展较受自然环境的限制。平原开发饱和后，人类开始往丘陵地带发展，不但开垦山林、种植经济作物，近来更大兴土木，兴建工业厂房和住宅社区。丘陵不同于平地，地势较陡峭，侵蚀作用也较强，易发生土壤侵蚀与坡地灾害，如崩塌、滑坡、泥石流等。此外人工设施取代自然的植被后，使地面的不透水面积增加，阻碍水分渗入土里，一旦发生暴雨，无法入渗的雨水在地表上形成径流，并汇集成洪流。如未考虑当地的地质与地形特性，选择陡坡或荒溪出口处开发，便会埋下日后发生灾害的种子，灾害发生后的抢救与补强，都是治标不治本。一般国家的土地利用会特别规划山坡地保护区，限制开发和利用，以保护水土和民众的生命财产安全。

中国西北方的黄河冲积平原被入侵的沙丘掩埋。这是因气候变化、开垦不当等导致沙漠化和沙漠扩张。（图片提供/达志影像）

英语关键词

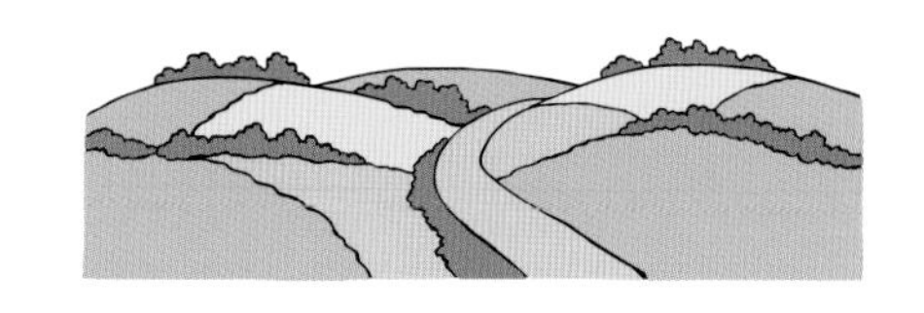

丘陵 hill

沙丘 sand dune

喀斯特地形 karst topography

艾尔斯岩 Ayers Rock / Uluru

盆地 basin

平原 plain

侵蚀平原 erosional plain

构造平原 structural plain

泛滥平原 flood plain

海岸平原 coastal plain

湖积平原 filled lake plain

沉积物 sediment

沉积作用 sedimentation / deposition

沙洲 bar

三角洲 delta

冲积作用 alluviation

冲积平原 alluvial plain

冲积扇 alluvial fan

亚马孙平原 Amazon Plain

尼罗河平原 Nile Plain

印度河—恒河平原 Indo-Gangetic Plain

东欧平原 / 俄罗斯平原 East European Plain/Russian Plain

深海平原 abyssal plain

地质构造 geologic structure

地壳 crust

造山运动 orogeny

造陆运动 epeirogeny

地盾 shield

断层 fault

褶皱 fold

风化作用 weathering

侵蚀 erosion

径流 runoff

恶地 badland

侵蚀循环 cycle of erosion

回春作用 rejuvenation

基准面 base level

准平原 peneplain

海拔高度 elevation / altitude

相对高度 relative height

冰川 glacier

冰碛 moraine

鼓丘 drumlin

蛇丘 esker

冰蚀平原 ice-scoured plain

冰碛平原 till plain

冰川外洗平原 outwash plain / sandur

火山 volcano

穹丘 dome

熔岩平原 lava plain

船石 Shiprock

运动 mass movement

崩落 fall

潜移 creep

泥流 mudflow

滑坡 / 山崩 landslide

农业 agriculture

经济作物 economic crop

养殖渔业 aquaculture

聚落 settlement

集村聚落 compact settlement

散村聚落 dispersed settlement

开发 development

堤防 levee

水土保持 soil conservation

新视野学习单

1 下列关于平原与丘陵的叙述，哪些是正确的？请打勾。（多选）

（　）平原的相对高度差超过100米。
（　）块体运动会改变丘陵形貌。
（　）丘陵是指海拔500米以下、相对高度差小的低缓山丘。
（　）平原是占全球陆地面积比率最大的地形。

（答案在06—07，14页）

2 连连看。左边的丘陵分类方式，与右边的哪个项目相关？

以成因分类・　　・石灰岩丘陵、砂岩丘陵等
以海拔高度分类・　　・陡丘陵、缓丘陵
以土质色泽分类・　　・地质作用、火山作用、侵蚀作用等
以组成岩性分类・　　・红土丘陵、白垩土丘陵、黄土丘陵等
以坡度分类・　　・山前丘陵、山间丘陵、深海丘陵等
以所在位置分类・　　・高丘陵、低丘陵

（答案在08—09页）

3 是非题。以下关于丘陵形成的叙述，对的请打○，错的请打×。

（　）地壳的抬升分为大规模和小规模，褶皱属于大规模的。
（　）断层的发生会改变地表形貌，使岩层抬升，形成丘陵。
（　）因岩层软硬不同而产生的差异侵蚀，不会形成丘陵。
（　）流水侵蚀的外营力，使高耸山地逐渐成为低矮丘陵。

（答案在10—13页）

4 连连看。两边的丘陵各由中列哪种作用造成？

鼓丘・　　・火山作用・　　・星状丘
火山锥・　　・冰川作用・　　・新月丘
火山穹丘・　　・风成作用・　　・蛇丘

（答案在11，16—17页）

5 下列关于丘陵与平原利用的叙述，哪个是错的？请打×。（单选）

（　）平原地形平坦容易耕作，常成为农业的精华地带。
（　）橄榄需要大量水分，不适合种植在排水良好的丘陵区。
（　）丘陵地居高临下，利于进行军事侦察、部署和防卫等。
（　）许多平原聚落转型为工商业中心，农用地愈来愈少见。

（答案在18—19，30—31页）

6 连连看。将两侧平原种类与中间相关的形成作用连起来。

		· 断层陷落平原
构造平原 ·	· 沉积物堆积而成 ·	· 冰碛平原
		· 冰川外洗平原
侵蚀平原 ·	· 地质构造作用形成 ·	· 海蚀平原
		· 三角洲平原
堆积平原 ·	· 外营力侵蚀地表而成 ·	· 湖积平原

（答案在20—21页）

7 是非题。以下关于平原的叙述，对的请打○，错的请打×。

（ ）三角洲平原的表面崎岖，土质贫瘠，不适合发展农业。

（ ）湖泊能调节气候和滞洪，过度围垦湖岸平原会影响这些功能。

（ ）河积平原也称为泛滥平原，是河流沉积物堆积而成。

（ ）海岸平原的形成只受到海洋潮汐和波浪作用的影响。

（答案在22—25页）

8 下面列出的平原中，哪些是冰川作用所形成的？请打勾。（多选）

（ ）冰川外洗平原　　（ ）人造平原

（ ）熔岩平原　　（ ）冰碛平原

（答案在26—27页）

9 下列关于平原演变的叙述，哪些是正确的？请打勾。（多选）

（ ）侵蚀循环理论将地形演变过程分为幼年期和老年期。

（ ）我们可以目睹准平原演变的完整过程。

（ ）回春作用是因侵蚀基准面下降，使地形又从幼年期开始演变。

（ ）地形也可能维持不变，而不一定会朝准平原发展。

（答案在28—29页）

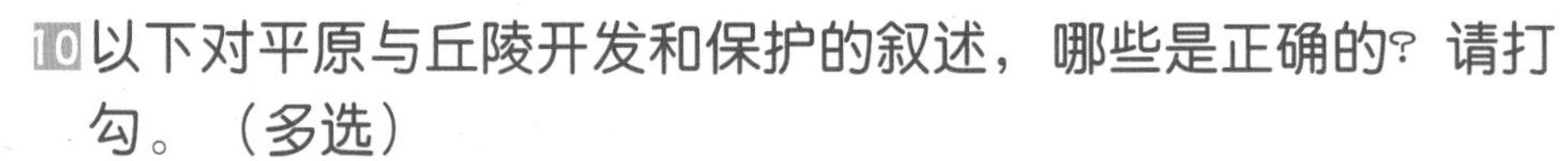

10 以下对平原与丘陵开发和保护的叙述，哪些是正确的？请打勾。（多选）

（ ）开发丘陵地要注意地质与地形特性，以避免灾害。

（ ）为了经济效益，可以任意大量开发丘陵区。

（ ）开发平原不必保留滞洪区，以达到最大土地利用效益。

（ ）平原区最容易发生的自然灾害就是水患。

（答案在32—33页）

我想知道……

这里有30个有意思的问题，请你沿着格子前进，找出答案，你将会有意想不到的惊喜哦！

世界最大的平原是哪个平原？ P.07

世界最大的盆地是哪里？ P.07

香港属地形？

侵蚀作用形成的平原有什么特色？ P.20

哪类平原可作为地理环境的指标之一？ P.20

台地的海拔高度大多在几米以下？ P.21

肥皂盒车比赛是在哪里进行？ P.19

哪些古文明是从平原发展起来？ P.30

河积平原的居民要特别注意哪类灾害？ P.32

丘陵区的灾害防治有哪些方法？ P.33

罗马是建立在哪条河流下游平原的山丘？ P.18

什么是准平原？ P.28

冰川作用会产生哪几类平原？ P.27

太厉害了，非洲金牌也是你的！

高度落差最大的沙丘在哪里？ P.17

为什么芬兰南部出现许多蛇丘？ P.17

沙丘有哪些形态？ P.17

哪种
P.08

人造的丘陵有哪些？
P.08

海拔高度是以哪里的高度为基准？
P.09

不错哦，你已前进5格。送你一块亚洲金牌！

澳大利亚的艾尔斯岩是如何形成的？
P.11

，赢
金

哪个工程使尼罗河不再泛滥？
P.23

三角洲又称什么平原？
P.25

恶地是哪种地形？
P.13

太好了！你是不是觉得：Open a Book！Open the World！

地球上最平坦的区域在哪里？
P.25

船石是如何形成的？
P.13

洋
。

熔岩平原大多由哪种熔岩形成？
P.26

为什么海底平原在大西洋较常见？
P.25

广西桂林著名的山水景观是属于哪种地形？
P.13

的过
进行
用？
P.16

块体运动中侵蚀力最强的是哪种？
P.15

获得欧洲金牌一枚，请继续加油！

在发生潜移的山坡，树木基部会有何现象？
P.15

图书在版编目（CIP）数据

丘陵与平原：大字版 / 何立德，王子扬撰文．—北京：中国盲文出版社，2014. 5

(新视野学习百科；09)

ISBN 978-7-5002-5049-4

Ⅰ．①丘… Ⅱ．①何…②王… Ⅲ．①丘陵—青少年读物②平原—青少年读物Ⅳ．① P941.76-49 ② P941.75-49

中国版本图书馆 CIP 数据核字（2014）第 070686 号

原出版者：畅談國際文化事業股份有限公司

著作权合同登记号 图字：01-2014-2133 号

丘陵与平原

撰　　文：何立德　王子扬
审　　订：王　鑫
责任编辑：杨　阳
出版发行：中国盲文出版社
社　　址：北京市西城区太平街甲 6 号
邮政编码：100050
印　　刷：北京盛通印刷股份有限公司
经　　销：新华书店
开　　本：889×1194　1/16
字　　数：33 千字
印　　张：2.5
版　　次：2014 年 12 月第 1 版　2014 年 12 月第 1 次印刷
书　　号：ISBN 978-7-5002-5049-4 / P · 32
定　　价：16.00 元
销售热线：（010）83190288 83190292

绿色印刷　保护环境　爱护健康

亲爱的读者朋友：

本书已入选“北京市绿色印刷工程—优秀出版物绿色印刷示范项目”。它采用绿色印刷标准印制，在封底印有“绿色印刷产品”标志。

按照国家环境标准（HJ2503-2011）《环境标志产品技术要求 印刷 第一部分：平版印刷》，本书选用环保型纸张、油墨、胶水等原辅材料，生产过程注重节能减排，印刷产品符合人体健康要求。

选择绿色印刷图书，畅享环保健康阅读！

北京市绿色印刷工程